AF586890

A LA CONQUÊTE DU CIEL !

CONTRIBUTIONS ASTRONOMIQUES

F. C. DE NASCIUS

EN

QUINZE LIVRES

LIVRE DEUXIÈME

(2e FASCICULE)

DÉCOUVERTE DE LA LOI DES DISTANCES DES PLANÈTES AU SOLEIL

Essai d'une Formule populaire

NANTES

IMPRIMERIE-LIBRAIRIE R. GUIST'HAU

5 & 6, Quai Cassard, 5 & 6

—

1899

Château de la D. A.
17 Janvier 1899.

Elle entend mon souhait et, Muse altière et bonne
En exaltant mon âme enrichit mes pensers ;
Et sa largesse, immense en tout ce qu'elle donne,
Sera dite à jamais, pourtant jamais assez !

DÉCOUVERTE

DE LA LOI DES DISTANCES

DES

PLANÈTES AU SOLEIL

Essai d'une Formule populaire

En recherchant depuis nombre d'années les causes qui ont jamais pu déterminer l'établissement des révolutions périodiques, accomplies docilement autour du Soleil par toutes les planètes, situées à des distances qu'on voit toujours et partout réglées par la troisième loi de Képler, mon intention toute première était bien, certes, d'en arriver enfin, quelque jour, à pouvoir remplacer avec avantage la Loi de Bode que, vu son indiscutable insuffisance, je ne cessais de juger indigne de mon siècle.

Cet organe d'astronomie pratique, bien plutôt mnémotechnique que scientifique, non sans valeur relative, je le concède, est sans doute une petite merveille d'empirisme heureux et de prodigieuse simplicité, eu égard aux résultats qu'elle fournit. Au point de vue scientifique, par contre, on ne peut guère qualifier raisonnablement ce qu'on appelle la Loi de Bode que d'organe puéril, bon à délaisser aussitôt que possible ; car il est même dépourvu de toute qualité d'approximation numérique désirable. Au surplus, et c'est là qu'est le point capital, est-ce qu'on n'a pas vu un jour cette bonne petite loi s'aviser d'être en défaut? C'était pourtant dans une circonstance solennelle de la vie intellectuelle de l'Humanité, où l'on réclamait, à bon droit pensait-on, ses tant et trop utiles services !

A cette époque inoubliable, il s'agissait pour la série de Titius, partout admise, de recevoir une consécration éclatante de son mérite, en facilitant avec une véritable autorité légale, astronomiquement parlant, la réussite certaine de très hautes spéculations célestes à jamais célèbres dans les fastes de la Science.

Et alors que ne vit-on pas ?

Elle osa pourtant se montrer aux yeux étonnés de ses admirateurs et gravement et irrémédiablement défaillante : égarant péniblement ainsi, par le mirage de son aide qui devait être illusoire, les laborieux travaux de deux illustres astronomes ! Il est constant, en effet, que c'est bien réellement en dépit du malencontreux secours offert par la série de Titius qu'est enfin apparue dans la splendeur, au front du Ciel astronomique, la belle Vérité, quand Leverrier et son digne émule anglais eurent la gloire, sans seconde, de découvrir, grâce aux vaillants pouvoirs de leur plume devineresse, la planète mémorable qui porte le nom de Neptune !

Pour une loi astronomique qui normalement n'a, elle, aucun droit à faillir, l'aventure était au moins singulière, voire quelque peu déconcertante.

Bode, si tu y perdis ton crédit, était-ce injustice ?

Voilà donc assurément pourquoi, la véritable Loi des distances des planètes au Soleil ne pouvant plus avoir désormais grand'chose de commun avec l'imprudente série qui nous occupe, prise en flagrant délit d'erreur grave, à son neuvième terme, la véritable loi, dis-je, resta toujours et pour longtemps encore une découverte à faire.

Les choses astronomiques en étaient donc là, lorsque, confiant dans les larges facultés de travail, conceptuel non moins qu'intellectuel, que je pouvais devoir aux soins de la bonne Nature, je crus utile pour moi de consacrer bien des heures d'opiniâtre application à l'étude de ce qui m'apparaissait, en esprit, comme une œuvre éminemment profitable, et consistant à tâcher de pénétrer curieusement le mystère étrange de la déconvenue si retentissante de la Loi de Bode.

Cependant, au cours de l'année dernière, en publiant les prémices de mes recherches concernant cet objet important, aurai-je seulement pu montrer déjà, dans une certaine mesure et avec quelque grâce sérieuse, que j'avais pleinement réussi dans mon dessein ?

Point encore évidemment, peut-on dire !

Sans doute, le principe fondamental de la loi nouvelle a été établi sur des bases solides, en tant que principe largement extensif de celui de la troisième loi de Képler, qui vient lui prêter toute l'ampleur de sa magistrale autorité ; mais l'énoncé simple et limpide de la Loi des distances et la formule conséquente définitive sont encore choses à faire connaître. D'ailleurs, si ces dernières n'ont pas encore été produites à la lumière, c'est uniquement pour cette raison que je m'étais placé à un point de vue tout à fait singulier de la Loi : celui qui la montre en relation, que je crois absolument sûre, avec les divers coefficients d'excentricités affectés à la confection, au Ciel, des orbites planétaires dans la théorie elliptique.

Apparemment qu'à un point de vue aussi spécial, le système proposé ne pouvait point ne point paraître tel qu'il était, c'est-à-dire extrêmement complexe. Or, un système complexe ne saurait jamais prétendre à remplacer avec avantage un fort simple de sa nature, à moins que, contrairement à celui-ci, il ne s'appuie en entier sur des faits rationnels facilement démontrables. En procédant ainsi, je m'éloignais donc, à la vérité, de mon tout premier dessein, qui ne visait que Bode ; mais j'ai pensé qu'il y aurait un certain intérêt, au moins spéculatif hardi, à poser, comme je l'ai fait, la question même de la Loi des distances des planètes au Soleil, afin de la montrer dès l'abord sous son vrai jour qui est incontestablement fort vaste et qui nous promet de piquantes révélations sur les mécanismes célestes.

Sans crainte d'émettre une idée empreinte de la moindre exagération, on peut, je pense, affirmer que la Loi des distances, prise dans son être idéal absolu, est d'une nature tellement complexe, qu'elle ne pourra jamais en arriver à suivre bénévolement un aussi élémentaire système que celui offert par la série de Titius. Toutefois, je vais amplement démontrer ci-après que la Loi se prête, en faveur même de l'homme modestement instruit, à de certaines complaisances formulaires, si l'on veut bien se contenter d'une approximation numérique relative, mais bien plus grande pourtant que celle fournie par la vieille série allemande, et qui rend compte exactement de la bizarre situation de distance qui est le propre de celle de la planète Neptune.

En conséquence, je vais donc publier aujourd'hui ce que je m'étais réservé pour plus tard, à savoir : l'énoncé de la Loi des distances des planètes au Soleil, amenée à revêtir sa formule la plus simple qu'il soit possible de trouver, et à prendre une figure symbolique pour le moins curieuse. De sorte qu'ainsi l'on verra, sans effort cette fois, combien il m'a été donné de pouvoir faire mieux que mon illustre devancier, le bon astronome de Wittenberg.

*
* *

Revoyons donc, en vue de l'approfondir davantage, la progression géométrique $1 : q^1 : q^2 : q^3 : \ldots$ etc., déjà étudiée page 17 du premier fascicule, et étudions-la jusqu'à la dixième puissance de Q, dont la valeur numérique est précisément la racine quatrième de deux. Posons en colonnes cette fois :

D'abord la progression géométrique elle-même, puis les valeurs numériques de chaque terme et enfin les vitesses orbitales des planètes avec les signes correspondants. Ce petit tableau suggestif va nous permettre de faire une remarque importante dont les suites auront une portée scientifique inestimable. D'une essence si franchement profitable, elle va faire, pour ainsi dire, éclater aux yeux une des faces de la Vérité, en rendant celle-ci tangible au sens intuitif, et cela presque jusqu'à la brutalité des faits péremptoirement décisifs. Et puis, ne sera-ce pas une sorte de régal pour l'esprit, si nous sommes enfin curieux de savoir... ce que soixante siècles d'humanité et plus ont pourtant ignoré ?

TABLEAU SIGNIFICATIF

DES ÉLÉMENTS PRIMAIRES DE LA LOI DES DISTANCES DES PLANÈTES AU SOLEIL

Progression géométrique élémentaire	Valeur numérique de Q	Vitesses orbitales planétaires	Signes des planètes
1	1,0000	1,000	♁
Q^1	1,1892	1,234	♂
Q^2	1,4142		
Q^3	1,6817	1,681	A
Q^4	2,0000	2,280	♃
Q^5	2,3784		
Q^6	2,8284	3,088	♄
Q^7	3,3635		
Q^8	4,0000	4,379	♅
Q^9	4,7568		
Q^{10}	5,6568	5,482	♆

Remarquons d'abord que les vitesses réelles orbitales sont des quantités *plus grandes* que le premier terme d'une accolade et *plus petite* que le second. Ensuite, au lieu de considérer, comme il avait été fait précédemment, chaque monôme que forme un terme, ayons la curiosité d'additionner ensemble, cette fois, deux termes consécutifs de cette progression et d'en prendre la *moyenne arithmétique :* aussitôt nos yeux seront frappés d'un spectacle numérique digne d'être retenu. On trouve ainsi, par exemple, que :

$$\frac{Q^6 + Q^7}{2} = \frac{2{,}82 + 3{,}36}{2} = \mathbf{3{,}09} \text{ vitesse de } ♄$$

$$\frac{Q^8 + Q^9}{2} = \frac{4 + 4{,}75}{2} = \mathbf{4{,}37} \text{ vitesse de } ♅$$

$$\frac{Q^9 + Q^{10}}{2} = \frac{4{,}75 + 5{,}65}{2} = \mathbf{5{,}20} \text{ distance de } ♃.$$

On trouverait encore, en faisant intervenir des exposants fractionnaires, que :

$$\frac{Q^1 + Q^{1,5}}{2} = \frac{1{,}18 + 1{,}29}{2} = \mathbf{1{,}24} \text{ vitesse de } ♂$$

$$\frac{Q^{4,5} + Q^5}{2} = \frac{2{,}18 + 2{,}38}{2} = \mathbf{2{,}280} \text{ vitesse de } ♃$$

$$\frac{Q^{19} + Q^{20}}{2} = \frac{26{,}9 + 32}{2} = \mathbf{29{,}45} \text{ temps de } ♄, \text{ etc.}$$

Maintenant, si l'on considère avec attention la colonne des vitesses réelles, on constate vite que l'approximation numérique des résultats qu'on vient d'obtenir est telle qu'on est saisi malgré soi par la vue d'un phénomène astronomique, d'ordre mathématique, non équivoque, mis en valeur sous nos yeux par un procédé d'une extrême simplicité. Qu'y a-t-il après tout de plus simple qu'une moyenne arithmétique ? Et pourtant ce phénomène n'exclut nullement, je crois, un certain mérite scientifique inhérent à cette nouveauté de toutes pièces ?

Phénomène formulaire étrange, tu seras mis à contribution forte, et tu vas nous servir à dresser de suite le tableau général de l'économie de la Loi des distances planétaires, présentée sous une de ses formes les plus simples et, partant, les plus accessibles à *tout le monde !* En effet, aujourd'hui, je veux l'instruire à l'endroit de ce qu'il lui importe tant de connaître, à savoir : le PLAN DE L'UNIVERS !

Dans ce but des plus relevés, nous n'avons qu'à reprendre les trois premiers binômes qui viennent d'être étudiés et de les élever au carré, en doublant tout simplement les exposants ; car il a été démontré naguère au Théorème II que le carré des *Vitesses orbitales* était égal à la *Distance* dans le fonctionnement de la troisième loi de Képler.

Ainsi donc, nous voici enfin parvenus à la pleine possession de la Loi même que j'avais désiré pouvoir opposer un jour, avec profit certain, à l'insuffisante Loi de Bode. Sans doute, vu sa grande simplicité, on n'obtient guère encore avec son secours que des Distances approximatives ; mais nous allons voir que la série de Titius ne les fournissait point au même degré, n'était que purement empirique d'ailleurs, tandis que celle que je préconise est absolument géométrique et se profile aux yeux, séduits par ses charmes, comme une extension fort conséquente de la troisième loi de Képler, ainsi qu'il a été établi dans le premier fascicule de ce Livre II.

Sans prétendre à répéter ici ce qui fait la matière du fascicule 1, il ne serait peut-être point inutile de rappeler qu'en vertu des *Deux Théorèmes* qui y ont été démontrés, si l'on appelle 2 la vitesse orbitale V d'une planète, 4 sa distance moyenne D au Soleil et 8 son temps de révolution T, cette opération, toute rationnelle évidemment, donne naissance à une progression géométrique. D'autre part, comme nous avons appris, au fascicule 1 du Livre II, que :

$$V = V^1 = 2$$
$$D = V^2 = 4$$
$$T = V^3 = 8.$$

On peut former avec, un tableau intéressant des permutations possibles de lettres : c'est précisément cette particularité que je crois pouvoir appeler *l'extension naturelle* de la troisième loi de Képler et dont ce qui suit donnera une exacte idée ÷.

1	: q^1	: q^2	: q^3	: q^4	: q^5	: q^6	: q^7	: q^8	: q^9	: q^{10}
1	: 2	: 4	: 8	: 16	: 32	: 64	: 128	: 256	: 512	: 1024
1	: V	: D	: T	*	*	*	*	*	*	*
1	: *	V	: *	D	: *	T	*	*	*	*
1	: *	*	V	: *	*	D	: *	*	T	*
1	: *	*	*	V	: *	*	*	D	: *	*
1	: *	*	*	*	V	: *	*	*	*	D
1	: *	*	*	*	*	V	: *	*	*	etc.

Passons maintenant à l'énoncé lui-même de la Loi des distances, sous sa forme populaire, c'est-à-dire la plus succincte :

ÉNONCÉ DE LA NOUVELLE LOI

La distance au Soleil d'une planète de n'importe quelle grandeur est ordonnée par la moyenne arithmétique des polynômes qu'on forme, en additionnant des termes consécutifs ou semi-consécutifs pairs d'une progression géométrique commençant par 1, *terme de la Terre, et ayant pour raison la racine quatrième de deux.*

TABLEAU SYNOPTIQUE

DE L'APPLICATION DE LA LOI POPULAIRE DES DISTANCES DES PLANÈTES AU SOLEIL

C'est-à-dire sous sa forme la plus simple possible

Signes des Planètes	{ Polynômes légaux }	{ Distances légales }	Bode disait	Il faut exactement
☿	$\frac{4}{Q^2 + Q^4 + Q^6 + Q^8}$	= 0,390...	0,400	0,387
♀	$\frac{3}{Q^1 + Q^2 + Q^3}$	= 0,700...	0,700	0,723
♁	$\frac{Q^1 + Q^2}{Q^1 + Q^2}$	= 1,000...	1,000	1,000
♂	$\frac{Q^2 + Q^3}{2}$	= 1,547...	1,600	1,523
A 434	$\frac{Q^3 + Q^4}{2}$	= 1,84....	0,00	1,94
A 281	$\frac{Q^4 + Q^5}{2}$	= 2,18....	0,00	2,18
A 56	$\frac{Q^5 + Q^6}{2}$	= 2,60....	0,00	2,60

TABLEAU SYNOPTIQUE

DE L'APPLICATION DE LA LOI POPULAIRE DES DISTANCES DES PLANÈTES AU SOLEIL

C'est-à-dire sous sa forme la plus simple possible

Signes des Planètes	{ Polynômes légaux }	{ Distances légales }	Bode disait	Il faut exactement
A_{245}	$\frac{Q^6 + Q^7}{2}$	= 3,09...	0,00	3,09
A_{374}	$\frac{Q^7 + Q^8}{2}$	= 3,68...	0,00	3,78
A_{279}	$\frac{Q^8 + Q^9}{2}$	= 4,37...	0,00	4,26
♃	$\frac{Q^9 + Q^{10}}{2}$	= 5,20...	5,20	5,20
♄	$\frac{Q^{12} + Q^{14}}{2}$	= 9,65...	10,00	9,53
♅	$\frac{Q^{16} + Q^{18}}{2}$	= 19,31...	19,60	19,18
♆	$\frac{Q^{19} + Q^{20}}{2}$	= 29,45...	38,8	30,05

Au moyen de ce tableau curieux et d'une allure systématique toute rationnelle vraiment, il est rendu maintenant manifeste :

I° Que la Loi proposée aujourd'hui pour remplacer celle de Bode n'est pas le moins du monde empirique comme cette dernière, attendu qu'elle est une conséquence formulaire naturelle de la troisième loi de Képler, dont elle n'est après tout que le développement rationnel, ainsi que je l'ai démontré naguère ;

II° Que cette Loi n'est pas beaucoup moins simple que celle de Bode ; qu'elle est tout aussi commode à retenir dans la mémoire ; n'étant seulement que plus substantielle, plus étendue et d'une application plus générale ;

III° Qu'en conséquence elle est appelée à devenir facilement populaire ;

IV° Que son approximation numérique est incomparablement plus grande que celle fournie par la série de Titius ;

V° Que cette nouvelle Loi montre lumineusement que Vulcain et la planète hypothétique ultra-neptunienne sont irréalisables légalement ;

VI° Que si Leverrier et Adams avaient connu cette Loi, et l'avaient surtout employée, à l'époque de leurs recherches historiques, la découverte qu'ils ont faite de Neptune n'en aurait été que plus magistrale ; car ils auraient pu annoncer d'avance au monde savant les éléments mêmes de cette planète, et n'en auraient point donné de fictifs ainsi qu'il est arrivé : *Regnante Titio !*

VII° Que les excentricités orbitales des deux planètes Vénus et Neptune ont des chances d'être contraires de celles des autres planètes, c'est-à-dire inférieures à celle de la Terre, comme du reste le prouve l'observation ;

VIII° Qu'enfin, et surtout, cette nouvelle Loi, plus généreuse que sa devancière, impose un rang parfaitement défini désormais à chacun des *globuscules* de l'essaim planéticulaire dont la population astéroïdique parait devoir être si considérable !

A ce point de vue même, la Loi de Bode est appelée à le céder humblement à la mienne ; car j'estime, non sans raison sérieuse, qu'à chaque binôme légal du tableau, ayant puissance entière, on a, entre q^3 et q^8, le droit d'imaginer des *fractions* coactives, établies elles-mêmes en progression géométrique, conformément à la suite des 14 puissances utiles du tableau de la page 16, à savoir les puissances 1, 2, 3, etc., puis 10, 12, 14, 16 et 18 de la raison Q.

Dans cet ordre d'idées, si l'on s'avisait donc, à chaque terme légal des binômes, ayant pour puissance de Q les exposants 3, 4, 5, 6, 7 et 8 au premier terme progressif, si l'on s'avisait, dis-je, de faire intervenir l'appoint d'une fraction, on *déterminerait* ainsi le rang même d'une planéticule.

Voici un exemple du cas considéré en faisant :

$$\frac{Q^{3+\frac{1}{2}}+Q^4}{2}, \quad \frac{Q^{3+\frac{1}{3}}+Q^4}{2}, \quad \frac{Q^{3+\frac{1}{4}}+Q^4}{2}, \text{ etc...}$$

Or, en supposant seulement l'action concomitante des 14 puissances fractionnaires proposées, agissant à chaque binôme de Q^3 à Q^8 exclusivement, on pourrait déterminer ainsi 14 × 14 = 196 planéticules par binômes ; et, pour les cinq binômes proposés, cela ferait un ensemble de 196 × 5 = 980 petites planètes !

C'est à cet égard surtout que la nouvelle Loi que je préconise en ces pages est fort curieuse, féconde, et promet d'espérer non vainement, pour un temps prochain, des résultats, hier encore insoupçonnés, relativement à la réglementation possible du rang et du nombre des astéroïdes ultra-martiaux en quantité incalculable jusqu'ici.

L'étude de ce cas particulier de l'établissement légal des *Distances* des planéticules fera, vu son importance secondaire, l'objet d'un fascicule spécial qui contiendra des choses fort intéressantes.

Quoi qu'il en soit, il semble déjà résulter, et jusqu'à l'évidence, en raison de ses multiples qualités susénoncées, que si la Loi que j'ai découverte ne paraissait point avoir encore mérité d'entendre prononcer en sa faveur le *dignus es intrare* au rang des arguments mathématiques, qui font la richesse du domaine de la science astronomique contemporaine, du moins, elle serait déjà, je le sens, abondamment pourvue des aptitudes requises pour se faire préférer et de beaucoup à la caduque Loi de Bode ; comblant ainsi d'un novateur heureux les vœux les plus ardents !

Hoc erat in votis !

Il me reste maintenant à publier l'adaptation formelle de cette Loi aux faits de l'observation avec une rigoureuse exactitude, et à en développer avec toute la clarté désirable le commentaire scientifique qui lui convient : ce sera l'objet d'un prochain fascicule, qui traitera, en outre, de la Loi de formation directe des temps périodiques des planètes. C'est alors qu'on pourra voir déjà un peu soulevé le voile si épais qui cache toujours à nos regards inquisiteurs le

VRAI SYSTÈME DU MONDE.

En attendant, puisse le présent, que je dédie avec empressement à tout homme d'esprit ayant comme moi le culte enthousiaste du Beau, dans sa plus majestueuse expression qu'on ne trouve qu'au Ciel, puisse-t-il recevoir partout un sympathique accueil !

1,822. — Nantes, Imp. R. GUIST'HAU, quai Cassard, 5 & 6.

www.ingramcontent.com/pod-product-compliance
Lightning Source LLC
LaVergne TN
LVHW052034160826
845678LV00003B/1339

* 9 7 8 2 3 2 9 6 3 2 0 0 1 *